我的小问题·科学 第二辑

机械

[法]德·塞德里克·富尔/著
[法]奥雷莉·韦尔东/绘
唐波/译

北京时代华文书局

什么是机械？

机械是一种工具，当你要去一个地方，或者要完成一些工作时，它能让你更轻松。自行车、独轮车、铲子、拔塞器都是机械。

最简单的工具也是机械，比如**楔子**、螺丝钉。

杠杆

轮轴

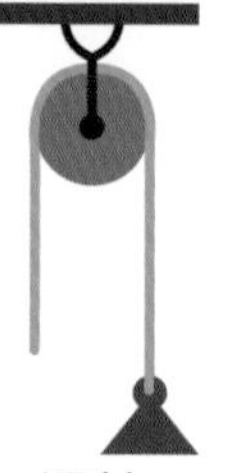

滑轮

齿轮传动机构

楔子

螺丝钉

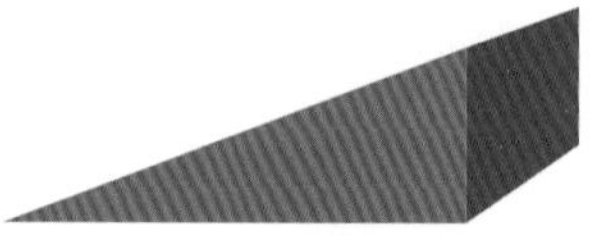

斜面

很早以前，人类就学会了用简单机械来帮助自己完成日常劳动。

斜面是一端高于另一端的**平面**。过去，人们利用斜面移动巨大的石块，以建造高大宏伟的建筑物，比如埃及的金字塔。

小实验

做一个简单的机械实验

准备 1 块 60 厘米长的木板、十几本书和 1 个装满水的小瓶子。

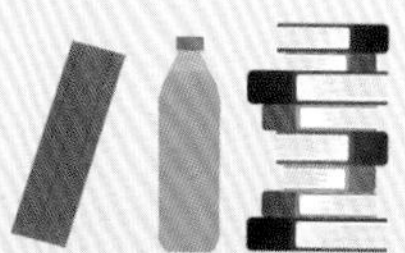

1. 将书堆叠到 20 厘米左右的高度。把木板的一端放在书堆上，另一端放在地面上，将瓶子放在书堆旁边。

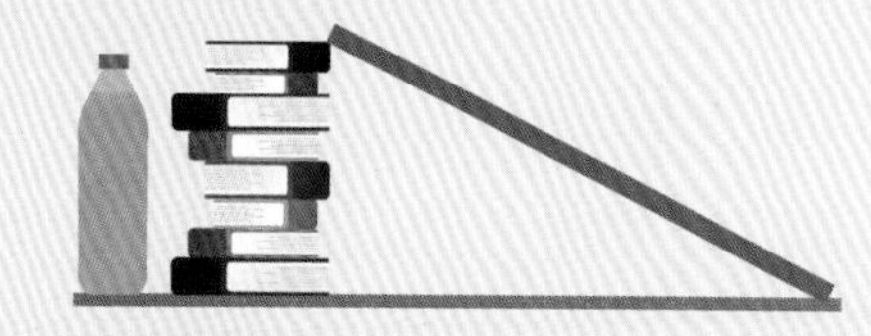

2. 首先试着仅用两根手指将瓶子提到书堆上。

3. 然后将瓶子横着放在木板底端，用两根手指推动瓶子，使其沿着木板滚向高处。

将物体放在斜面（木板）上滚动所用的力比直接竖直向上提起物体所用的力少。

所有机械都一样吗？

每台机械都有至少一种功能：**起重**、移动、清洗、喷漆、切割、测量、计算……

有些机械可能功能相同，但用处不一样。比如圆锯和曲线锯都有切割功能，但是圆锯主要用于直线切割，而曲线锯主要用于曲线切割。

为了实现运转，复杂的机械会使用**机构**。有些机械需要通电才能运行，有些则不需要。

机械可以使用不同的**能源**。

磨可以使用风能，也可以使用水能。

骑自行车时，我们使用的是肌肉提供的能量。

有一些机械是固定不动的，比如洗衣机和大型**工业**机械。还有一些机械是移动的，割草机和拖拉机就属于移动机械。

电动机是如何运转的？

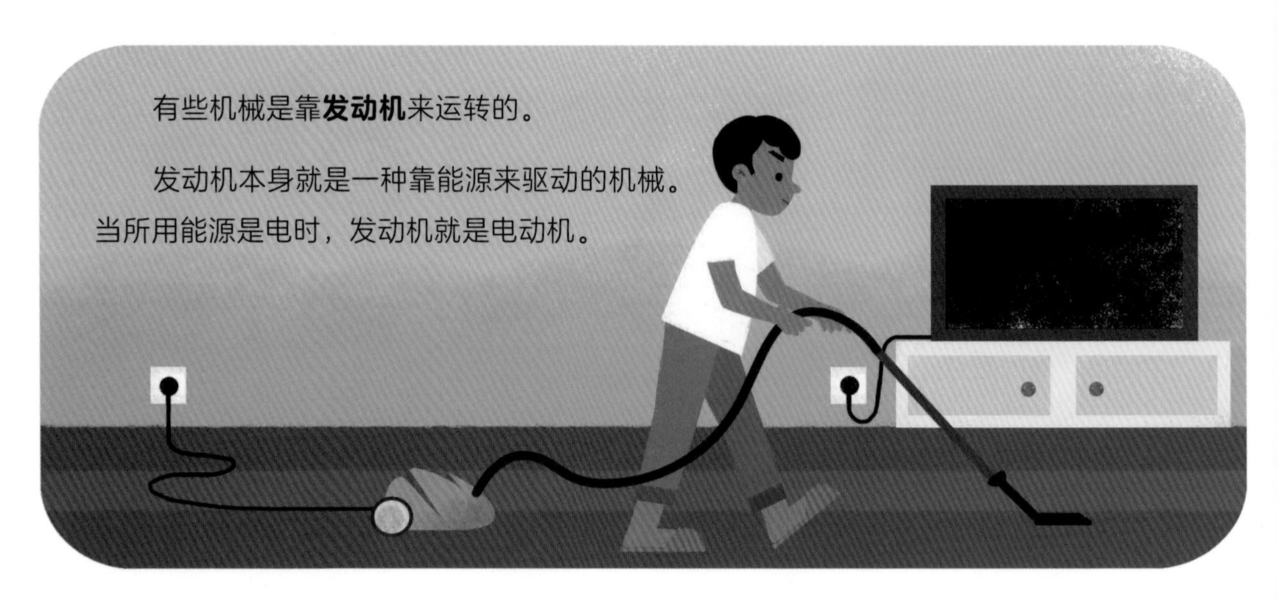

有些机械是靠**发动机**来运转的。

发动机本身就是一种靠能源来驱动的机械。当所用能源是电时，发动机就是电动机。

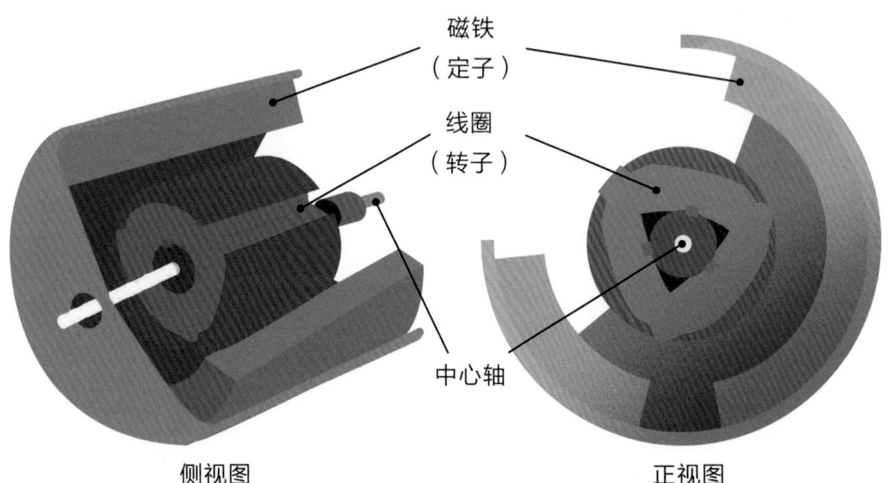

电动机有一个铜线线圈，即**转子**，位于**定子**的中心部位。定子是一块固定的磁铁。

当电动机接上电池或**电池组**时，电流会通过转子线圈，产生磁场。一般磁铁之间会相互吸引或排斥。定子的磁铁两极吸引或排斥转子线圈，转子就会转动起来，这样便带动了中心轴。

小实验

制作一个简单的电动机

准备 1 节电池、1 根 25 厘米长的铜线和 1 块钕（nǚ）磁铁。

1. 将铜线弯曲成图中的形状。

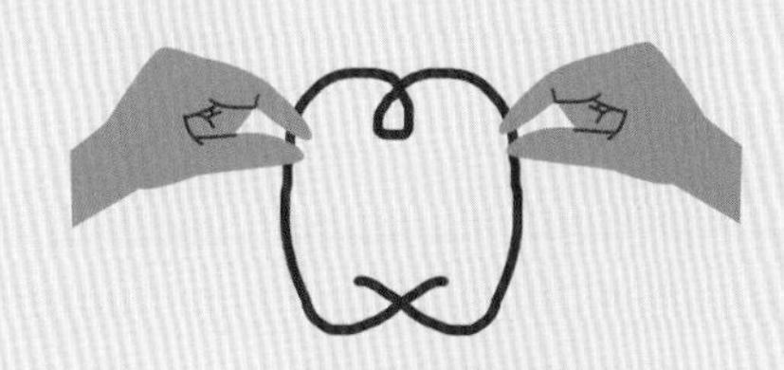

2. 将电池竖直放在磁铁上，这样磁铁与电池的一个端子就有了直接接触。

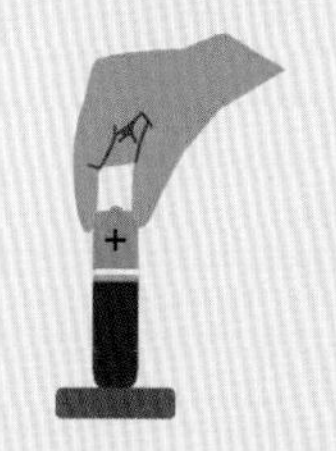

3. 将铜线平稳放在电池上部的端子上。铜线末端要直接接触磁铁两侧。

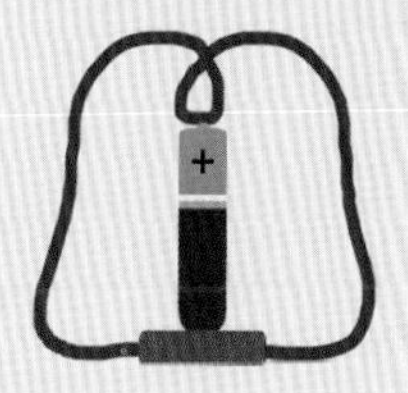

连接正确时，铜线便会绕着电池旋转。你可以通过改变铜线的形状来改良你的装置。

蒸汽机是如何运行的？

蒸汽机是一种以水蒸气为能源的发动机。大功率的机械可以用它来驱动。

在蒸汽机里，通过燃烧木头或煤炭来加热水。

这样就形成了水蒸气，它通过管道被输送到**汽缸**里。

接着，水蒸气推动一个与**轮子**相连的**活塞**。

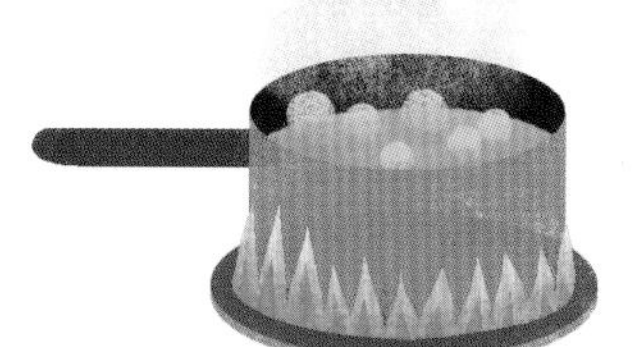

水蒸气是**气态**的水，是看不见的。

要想形成水蒸气，只需将液态水加热就可以了。这种转变是汽化。

蒸汽机在历史上发挥过重要作用，特别是推动了蒸汽机车的出现，促进了工业发展。在很长一段时间里，它在工业和交通上都被当作发动机使用。

机械是怎么动起来的？

机械能进行不同类型的运动：

- 当它**旋转**时，是转动；
- 当它做**直线运动**时，是**平移**。

不同机构使机械做出不同运动。

齿轮传动机构是一组相互驱动的**齿轮**。它能够传递、转换旋转运动。

自行车两个齿轮间的**传动**是通过链条实现的。

单**滑轮**能通过改变施力方向来移动重物。

多亏了齿轮**齿条**传动机构，我们可以将旋转转换为平移。当齿轮旋转时，它的齿会带动齿条上的齿，从而实现直线运动。

机械的齿轮传动机构有什么作用？

大多数机械都使用了齿轮传动机构。

在家中，我们可以在时钟、手表、拔塞器、机械搅拌机、蔬菜脱水器、摩擦式玩具、发动机等物品里找到齿轮传动机构。

风磨里的齿轮传动机构能将风车翼的垂直旋转转换为**磨盘**的水平旋转。

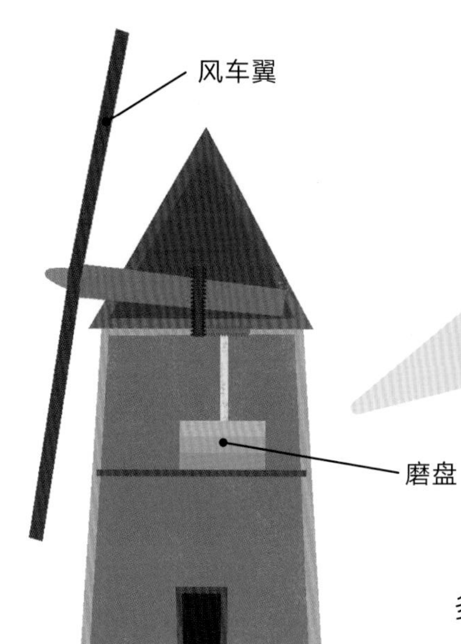

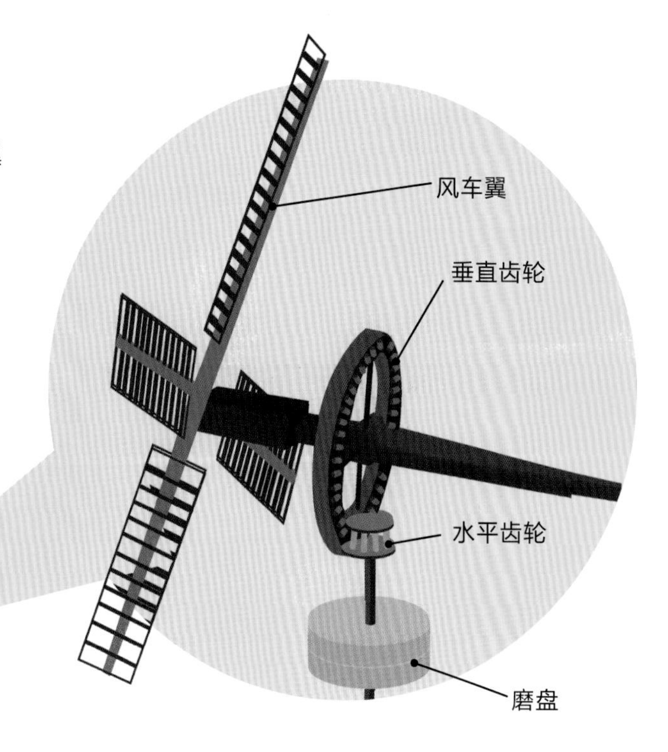

在这个风磨里，由于大齿轮比小齿轮的齿多，因此，从风车翼到磨盘，**旋转速度**增加了，磨盘转动得比风车翼快。

齿轮传动机构可以改变旋转的方向，如图所示，如果蓝色齿轮朝一个方向转动，那么绿色齿轮会朝相反的方向转动。

齿轮传动机构也可以改变旋转速度。如果小齿轮的齿数是大齿轮齿数的一半，那么它的旋转速度就是大齿轮的两倍。

如何提起重物，并移动它们？

有一种机械，可以通过在**卷筒**上盘绕或展开**钢丝绳**来移动重物，这就是绞盘。需要启动发动机和摇动**曲柄**才能让它工作。

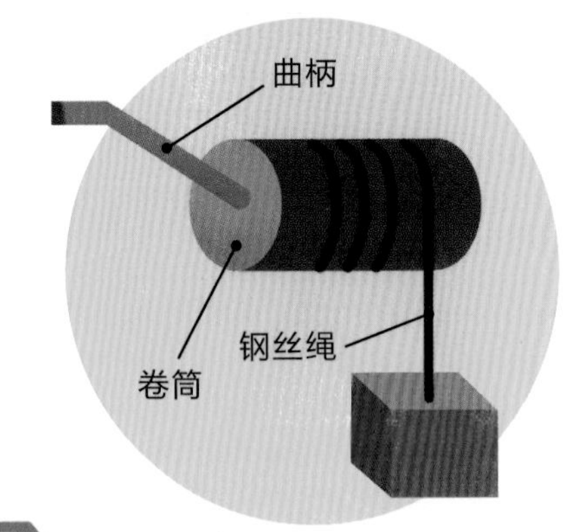

吊车是一种起重设备。它的绞盘能用来提起重物，可以在建造房屋时使用。

一些车辆上也配备了绞盘。拖车上的绞盘能提起抛锚的汽车。

配备了这种**装置**的直升机可以在海上或山区营救遇险的人，这就是直升机吊挂。

垂直移动一个物体，就是将它提起或放下。当我们水平拉一个物体时，是对它进行牵引。

小实验

制作一个绞盘来移动小物件

准备 1 个鞋盒、1 个金属衣架、2 个软木垫、1 个回形针和 1 根 30 厘米长的绳子。

1. 在鞋盒两侧高度相同的地方各钻一个孔，然后在大人的帮助下将金属衣架弯成曲柄的形状。

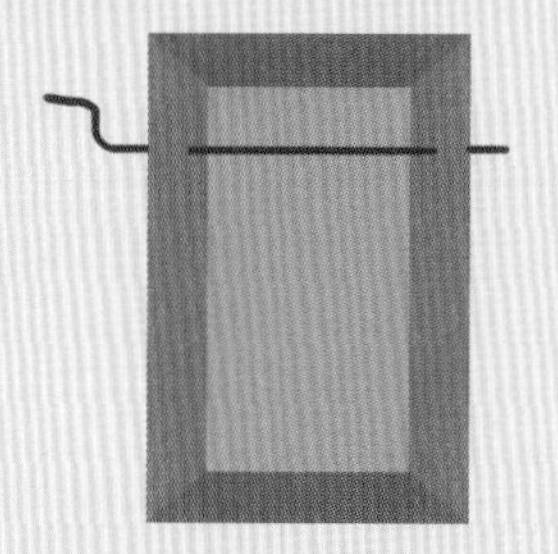

2. 将金属衣架从孔中穿过，并用两个钻了孔的软木垫将衣架固定好。

3. 拉开回形针，做成一个挂钩，绑在绳子的一端。然后，将绳子的另一端先固定在衣架上，再缠绕几圈。

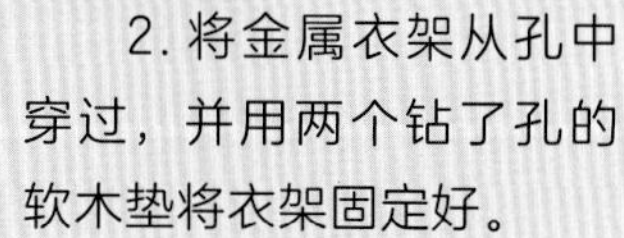

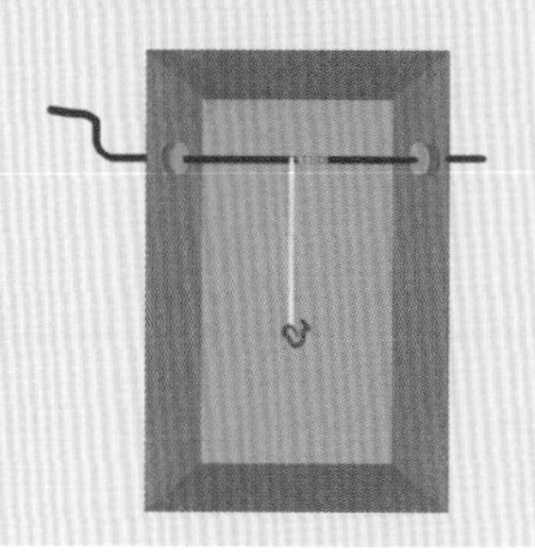

小力能产生大力吗？

在机械的帮助下，我们不用花太大力气就能完成一些费力或者复杂的工作。比如，在提起一件非常重的家具或切割一块纸板时，使用滑轮和**杠杆**能省力一些。

最简单的杠杆就是一根插在物体和支撑物之间的硬棒，这个支撑物起着**支点**的作用。

独轮车、剪刀、跷跷板、钳子、坚果开壳器等是另一种类型的杠杆。

小实验

指尖的力量

准备 2 本厚书、1 把硬木尺和 1 支铅笔。

1. 将两本书叠放在桌子上，然后将手指放在书下面，试着把书抬起来。这不是一件特别省力的事！

2. 现在，用尺子制作一个杠杆，用铅笔作为支点。用这个杠杆可以更容易地抬起两本书。

3. 将支点放在不同位置，重复这个实验。支点越靠近书，用的力越少，但书被抬起的高度也越低。

当支点离书较远时，所用的力气更大，但书也被抬得更高。

还有一些装置也能让我们不费力地移动重物。

滑轮是有绳索缠绕的轮子，能帮助我们提升重物。

当我们同时使用好几个滑轮提升重物时，所需的力会减少。这就是**滑轮组**的工作原理。

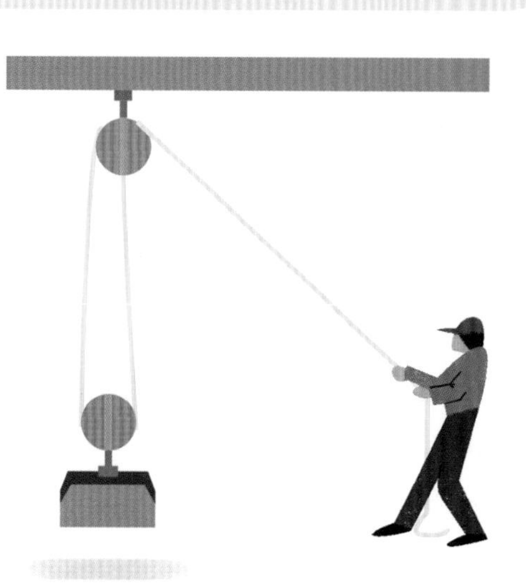

轮式机械是如何制造出来的

制造一台机械，必须要考虑很多制作**标准**，选择最适合的**材料**尤其重要。

生产的第一个作为标准的机械产品是样品。

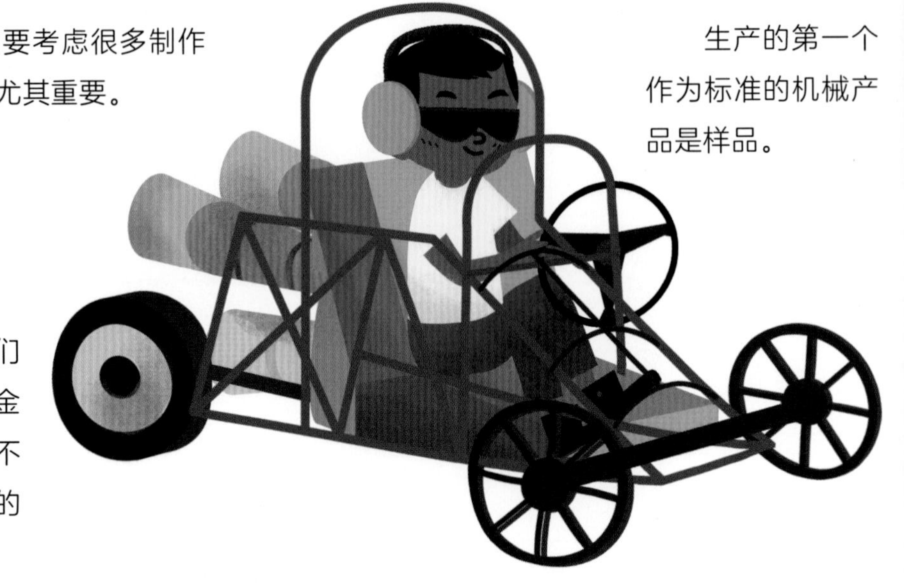

制造轮式机械，我们可以使用木材、塑料、金属等材料。不同材料有不同特性，有的轻便，有的结实，有的耐用……

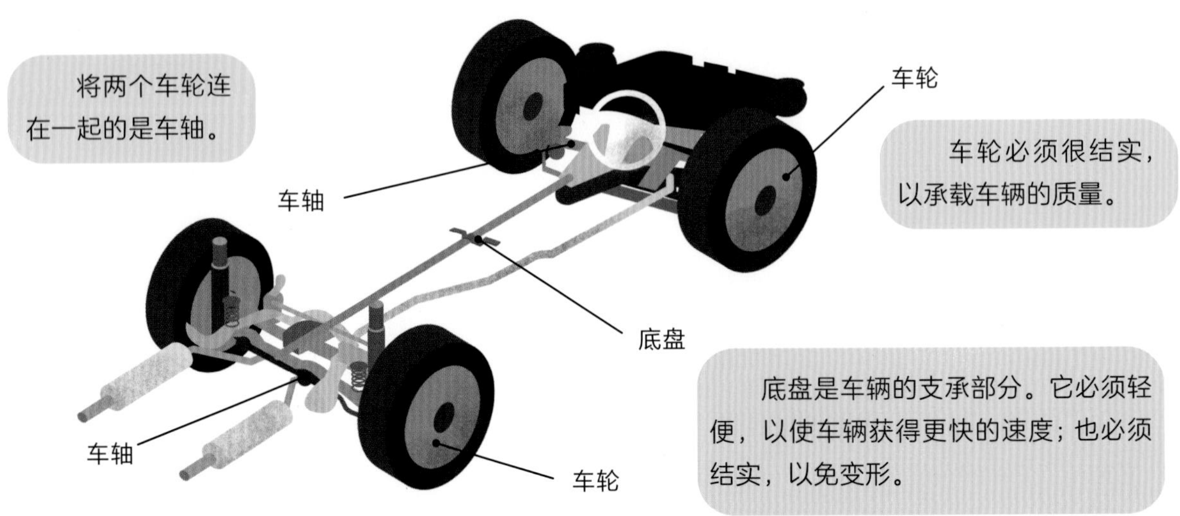

如果配有推进装置，车辆就能自动前进，我们可以利用空气、电动机，甚至橡皮筋等来实现这种推进。

小实验

制造一台喷气式汽车！

准备 1 块硬纸板、一些吸管、一些塑料瓶盖、一些烤串用的扦子、透明胶带和 1 个气球。

1. 从纸板上剪出一个长方形。这是底盘。

2. 在底盘下粘两根吸管，这能让车轴和车轮自由地转动。

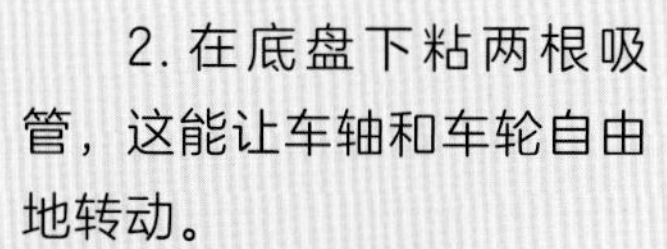

3. 要安装车轮，需将两根扦子分别从吸管中穿过，然后在扦子两端各固定一个塑料瓶盖。

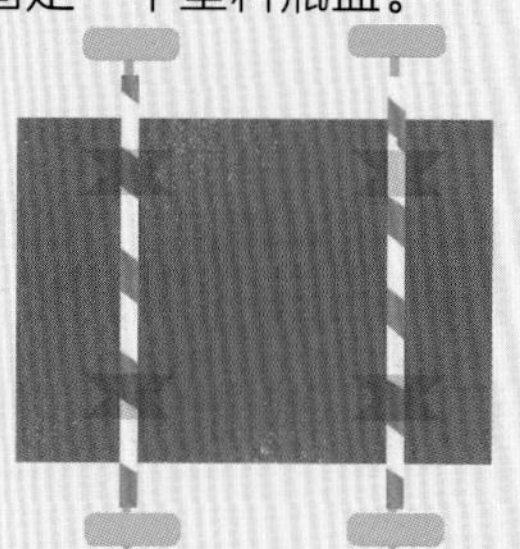

4. 用透明胶带将一根吸管固定在气球的充气口处，扎严实，不让它漏气。

5. 将吸管粘在纸板上，你的汽车模型就制作好了！

6. 要让汽车前行，只需通过吸管往气球里吹气。当松开嘴时，气球会放气，你的汽车就会被空气推着往前跑了！

是什么让机械飞了起来？

我们看到的很多飞行机械，大部分都配有一个或几个飞行翼。

这些**飞行器**有滑翔机、悬挂滑翔机、滑翔伞、超轻型飞机，当然还有我们旅行时乘坐的飞机。

小实验

测试机翼的重要性

准备 1 张纸、2 根吸管、2 根烤串用的扦子、1 块泡沫板和 1 台吹风机。

1. 将纸折成机翼的形状。如图所示，在纸上钻两组孔，将两根吸管分别插入孔中。

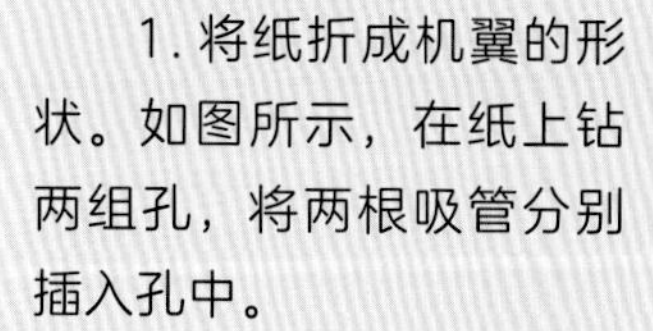

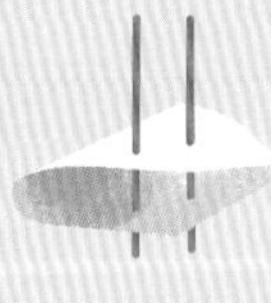

3. 用吹风机吹“机翼”，让它“起飞”。

2. 将两根扦子插在泡沫板上，然后将吸管套在扦子上。

4. 改变“机翼”的形状、面积、重量，或改变吹风机的风速，重复此实验。

流动的空气会对飞机施加一种力，就是**升力**。升力是一股向上的力，能够使飞机飞起来。升力的大小与机翼形状、飞行速度等因素有关。

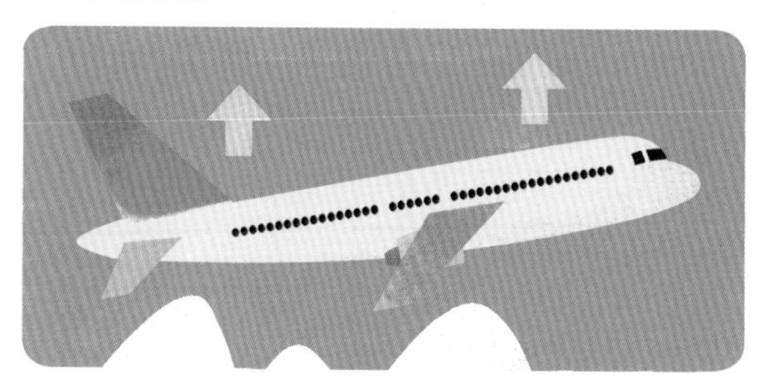

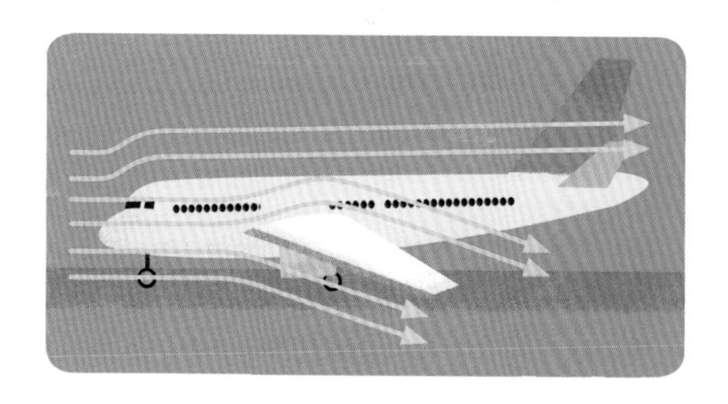

为了加速，飞机会从前方吸入空气，并通过发动机将空气朝后排出，由此产生的力就是**推力**。

一些重型机械是怎么漂浮起来的？

在水中，石子会沉下去，船却能浮起来！然而，船比石子要重得多。真是奇怪的现象！

有多个因素会决定物体是沉入水中还是浮在水面，比如物体的质量和形状。

船在水上时，它的重力将它往下拉，势必会导致船下沉；但它受到了另一种来自水的作用力，即阿基米德发现的**浮力**，这种力会将船由下往上推，从而使它浮在水上。

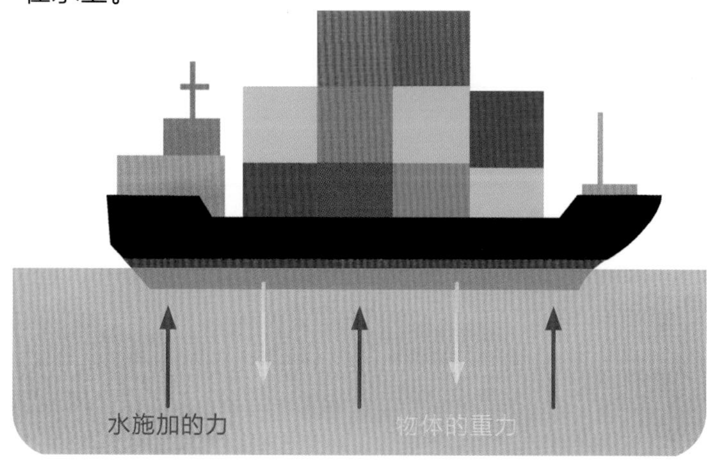

阿基米德是一位生活在很久以前的科学家。据说，他是在洗澡时发现了这种来自水的作用力。他的发现也使**机械学**有了很大进步。

小实验

上浮还是下沉？

把一个橡皮泥球放入装满水的大碗中，它会沉下去。

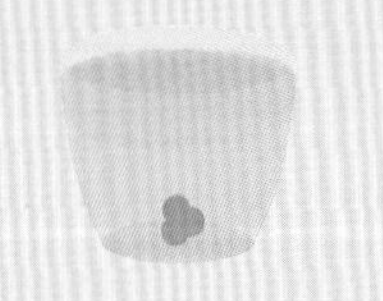

如果你把同一块橡皮泥捏成中间凹陷的细长小船形状……

它就会漂浮在水中。

自动机械和机器人有什么区别？

自动机械和**机器人**看起来很像，它们都属于机械。

但是自动机械发明的时间要早得多，二者的运行方式也能将它们区别开来。自动机械会自动做出某个动作，并且总是重复这一动作。

机器人是带有**传感器**的自动机械。这些传感器就像你的眼睛、鼻子、耳朵一样，能让机器人收集到与周围**环境**有关的信息。这样，它就可以为了应对环境变化而做出动作。

小实验

制作一个小动物自动玩具

准备 1 个纸杯、2 个回形针（一大一小）和一些纸板。

1. 如图所示，在纸杯上打三个孔。

2. 将小回形针拉直，作为小动物的支撑杆，然后将它插入纸杯顶部的孔中。

3. 在纸板上剪出你喜欢的小动物轮廓。

4. 将小动物粘在支撑杆上。

5. 用大回形针制作一个曲柄。它可以让你的自动玩具垂直运动。

6. 把支撑杆靠近杯口的一端末尾弯成环状。将曲柄穿过纸杯和小环。可在支撑杆两侧添加两个纸板垫圈，将两个垫圈固定在一起，防止支撑杆向两边滑动。

好啦！当你转动曲柄时，小动物就会动起来。

机械可以是**智能**的吗？

我们发明了越来越多的机械，好让它们在许多领域（比如建筑行业、运输行业、医疗行业）帮助我们。这些机械变得越来越高效，也越来越智能。

机器人、电脑、手机、自动驾驶汽车等都是依靠**人工智能**运转起来的。

自动驾驶汽车能够在没有驾驶员的情况下行驶。

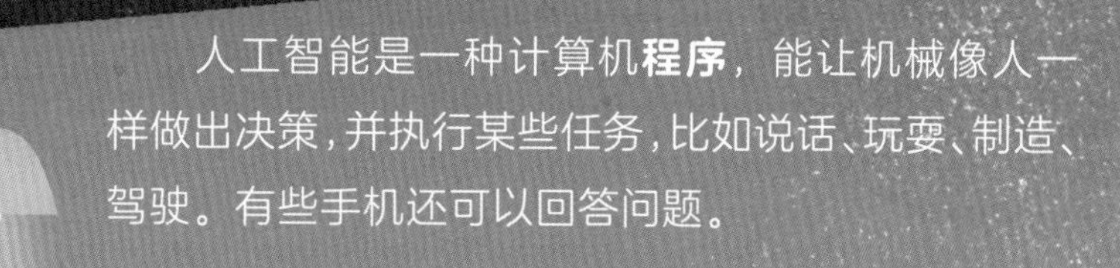

人工智能是一种计算机**程序**，能让机械像人一样做出决策，并执行某些任务，比如说话、玩耍、制造、驾驶。有些手机还可以回答问题。

几十年前，一台电脑在一场国际象棋比赛中击败了世界冠军。

只能服从！

机械只能执行那些被编入程序的任务，不能独立学会做某事。

为什么有些机械很像动物？

为了发明新机械，人类常常会观察自然万物，从而获得机械做成什么形状、用什么材料等启发，这就是仿生学。

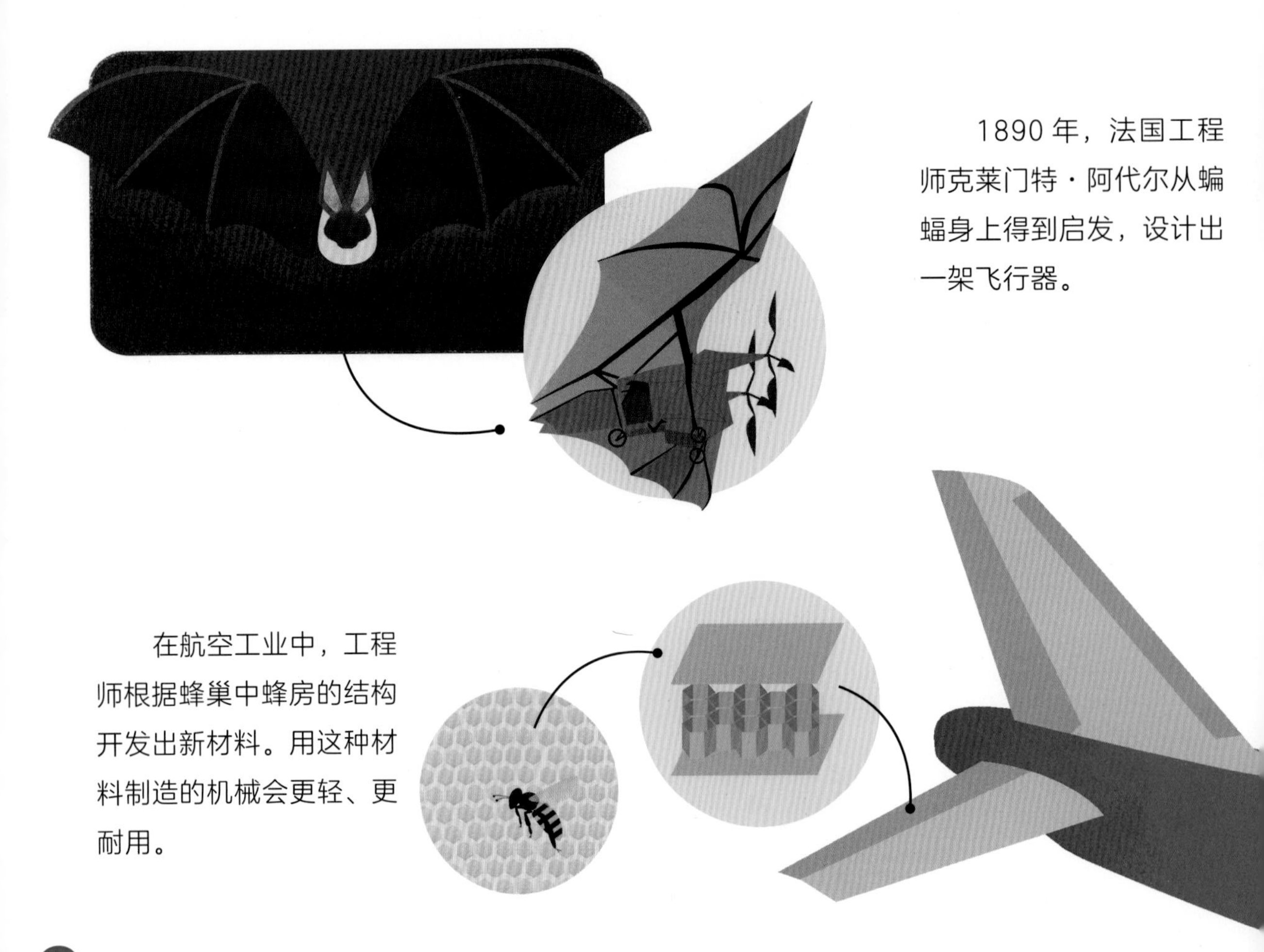

1890 年，法国工程师克莱门特 · 阿代尔从蝙蝠身上得到启发，设计出一架飞行器。

在航空工业中，工程师根据蜂巢中蜂房的结构开发出新材料。用这种材料制造的机械会更轻、更耐用。

高速列车的**流线型**外形与翠鸟相似，因此比老式火车速度更快，噪声更小，消耗的能源也更少。

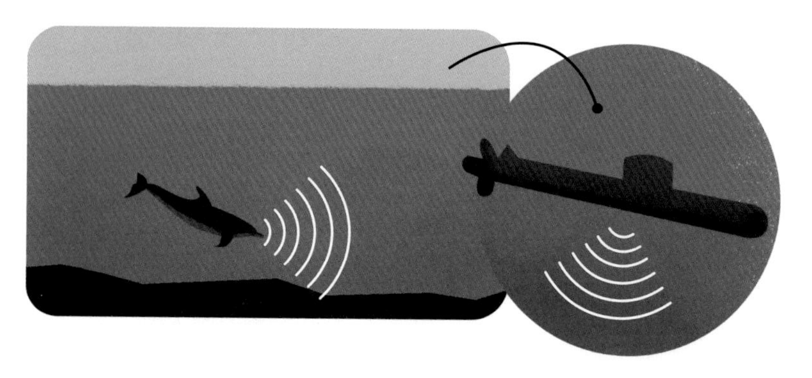

通过模仿海豚，人类发明了声呐，它利用声波能在水中传播的特性来探测物体的位置。我们在船只和潜水艇中都能找到这种装置。

有些机器人看起来和我们很像，它们有头，有两只胳膊，还有两条腿，这就是人形机器人。

为什么机械会随着时间而发展演变？

电话、自行车、锯子、照相机、电脑等机械不断发展演变，以满足人们的使用需求。

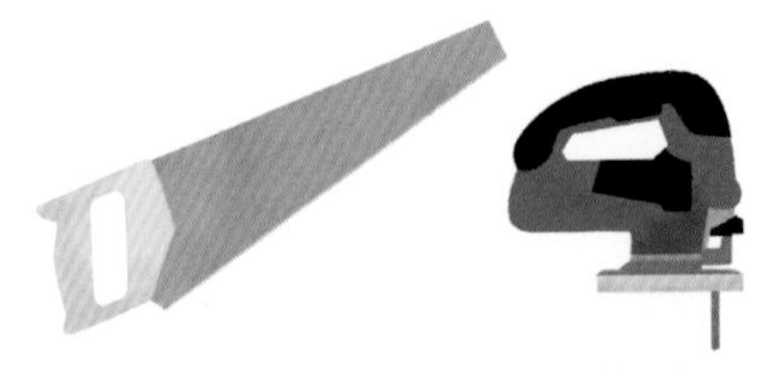

自行车也是一系列发明的成果，这些发明使其变得更轻、更快、更易于使用。

如今的电话更小巧也更实用，具备了老式电话没有的功能。

今天，智能手机有触摸显示屏，而在过去，必须转动电话上的曲柄才能拨打电话。

人类不断开发出新技术，让机械的演变成为可能，这也是技术演变。

机械的演变是否会污染环境？

随着机械的演变，制造机械所使用的材料也在发生变化。但是，当我们选择一种材料时，必须考虑它是否会对地球造成不利影响。实际上，一些材料的采掘对环境造成的污染是极其严重的。

关于机械的小词典

这两页内容向你解释了当人们谈论机械时最常用到的词，便于你在家或学校听到这些词时，更好地理解它们。正文中的加粗词语在小词典中都能找到。

标准：对事物所做的统一规定，衡量事物的准则。

材料：制作某样东西所使用的物质。

程序：为了让计算机或机器人执行任务而发出的指令。

齿轮：有齿的圆形机械零件。

齿轮传动：一组相互驱动的齿轮。

齿条：带齿的条状物。

传动：运动从一个点传到另一个点。

传感器：能从环境中收集信息的装置。

电池组：能储存并释放电能的装置。

定子：电动机的固定部件，是一块磁铁。

发动机：利用能源产生运动的机械。

飞行器：能飞行的机械。

浮力：浸在流体内的物体受到的向上托的作用力。

钢丝绳：一种非常结实坚固的金属绳。

杠杆：能绕支撑点旋转，并能抬起物体的机械。

工业：采集自然资源，并把它们加工成成品的工作。

滑轮：有绳索缠绕的轮子，可以移动重物。

滑轮组：使用多个滑轮移动重物的装置。

环境：我们周围所有自然的和人工的要素。

活塞：在汽缸中来回运动的部件，可以传递运动。

机构：由若干零件组成，让物体运转的装置。

机器人：带有传感器，能与所处环境互动的自动机械。

机械学：研究机械构造和运行的科学。

卷筒：曲柄上圆柱形的部件。

流线型：这种外形能让机械在空气中移动得更快。

轮子：可绕轴旋转的圆形物体。

磨盘：圆盘形物体，通常是石头做的，用来磨碎或压碎一些东西。

能源：能够让物体运动的物质，比如热能、光能。

平面：平坦的表面。

平移：物体以直线方式移动。

起重：起重机移动重物的动作。

汽缸：内燃机或蒸汽机中装有的滚筒状的坚固物体。

气态：以气体形式存在。

曲柄：用于传递旋转运动的部件。

人工智能：AI，能让一些机械像人一样做出决定，并执行一些任务。

升力：空气把物体向上托的力，让飞行器能够飞行。

推力：推动物体，使之前进的力。

楔子：一种三角形工具，可以将一个物体一分为二，或者略微抬高。

斜面：一端高于另一端的平面。

旋转：物体绕轴转动。

旋转速度：物体转动的速度。

支点：支撑点，杠杆围绕其旋转。

直线运动：笔直地前进。

转子：电动机的可动部件，由铜线圈等部件组成。

装置：组成机械的元件集合体。

自动机械：自动运转且一直重复同一动作的机械。

图书在版编目（CIP）数据

机械 /（法）德・塞德里克・富尔著 ;（法）奥雷莉・韦尔东绘 ；唐波译 . 一 北京 ：北京时代华文书局，2023.5

（我的小问题 . 科学 . 第二辑）

ISBN 978-7-5699-4977-3

Ⅰ . ①机… Ⅱ . ①德… ②奥… ③唐… Ⅲ . ①机械一儿童读物 Ⅳ . ① TH-49

中国国家版本馆 CIP 数据核字 (2023) 第 082125 号

拼音书名 | WO DE XIAO WENTI KEXUE DI-ER JI JIXIE

出 版 人 | 陈　涛
选题策划 | 阿卡狄亚童书馆
策划编辑 | 许日春
责任编辑 | 石乃月
责任校对 | 张彦翔
特约编辑 | 周　艳　杨　颖
装帧设计 | 阿卡狄亚・戚少君
责任印制 | 訾　敬
出版发行 | 北京时代华文书局 http://www.bjsdsj.com.cn
北京市东城区安定门外大街 138 号皇城国际大厦 A 座 8 层
邮编：100011 电话：010 - 64263661 64261528
印　　刷 | 小森印刷（北京）有限公司 010 - 80215076
（如发现印装质量问题影响阅读，请与阿卡狄亚童书馆联系调换。读者热线：010－87951023）
开　　本 | 787 mm×1194 mm　1/24　**印　　张** | 1.5
成品尺寸 | 188 mm×188 mm
字　　数 | 36 千字
版　　次 | 2023 年 8 月第 1 版
印　　次 | 2023 年 8 月第 1 次印刷
定　　价 | 98.00 元（全六册）